EXPLORATION SCIENTIFIQUE DE LA TUNISIE.

LISTE DES COLÉOPTÈRES RECUEILLIS EN TUNISIE EN 1883

PAR M. A. LETOURNEUX,
MEMBRE DE LA MISSION DE L'EXPLORATION SCIENTIFIQUE DE LA TUNISIE,

DRESSÉE

PAR M. ED. LEFÈVRE,
ANCIEN PRÉSIDENT DE LA SOCIÉTÉ ENTOMOLOGIQUE DE FRANCE,
MEMBRE DE PLUSIEURS SOCIÉTÉS SAVANTES,

AVEC LE CONCOURS

DE MM. L. FAIRMAIRE, DE MARSEUL ET Dr SÉNAC.

PARIS.
IMPRIMERIE NATIONALE.

M DCCC LXXXV.

EXPLORATION

SCIENTIFIQUE

DE LA TUNISIE,

PUBLIÉE

SOUS LES AUSPICES DU MINISTÈRE DE L'INSTRUCTION PUBLIQUE.

SCIENCES NATURELLES.

ZOOLOGIE. — COLÉOPTÈRES.

EXPLORATION SCIENTIFIQUE DE LA TUNISIE.

LISTE DES COLÉOPTÈRES RECUEILLIS EN TUNISIE EN 1883

PAR M. A. LETOURNEUX,
MEMBRE DE LA MISSION DE L'EXPLORATION SCIENTIFIQUE DE LA TUNISIE.

DRESSÉE

PAR M. ED. LEFÈVRE,
ANCIEN PRÉSIDENT DE LA SOCIÉTÉ ENTOMOLOGIQUE DE FRANCE,
MEMBRE DE PLUSIEURS SOCIÉTÉS SAVANTES,

AVEC LE CONCOURS

DE MM. L. FAIRMAIRE, DE MARSEUL ET Dr SÉNAC.

PARIS.
IMPRIMERIE NATIONALE.

M DCCC LXXXV

LISTE
DES COLÉOPTÈRES
RECUEILLIS EN TUNISIE
EN 1883.

CICINDELIDÆ.

1. **Cicindela maura** L., *Syst. Nat.*, II, p. 658.
Presqu'île du Cap Bon.

2. **C. flexuosa** Fabr., *Mant. Ins.*, I, p. 186.
Sousa.

3. **C. melancholica** Fabr., *Ent. Syst.*, suppl., p. 63.
Kérouan.

4. **C. Ritchi** Vigors, *Zool. Journ.*, I, 1825, p. 414, tab. 15, fig. 2. — (*C. Audouini* Barthel., *Ann. Soc. ent. Fr.*, 1835, p. 597, tab. 16, A.)
Kérouan.

CARABIDÆ.

5. **Carabus morbillosus** Fabr., *Syst. El.*, I, p. 176.
Kérouan.

DROMIIDÆ.

6. **Cymindis leucophthalma** Luc., *Ann. Sc. nat.*, 2, XVIII.
Sousa.

DITOMIDÆ.

7. **Aristus capito** Dej., *Spec.*, I, p. 444. — (*A. Haagi* Heyd., *Ent. Reise Südl. Span.*, p. 59.)
Kérouan; presqu'île du Cap Bon.

8. **A. opacus** Er., *Wagn. Reise*, III, p. 168. — Lucas, *Expl. Alg.*, *Ent.*, tab. 5, fig. 1.
Kérouan.

SCARITIDÆ.

9. **Graphipterus Barthelemyi** Dej., *Spec.*, V, p. 457. — Casteln., *Hist. nat.*, I, tab. 4, fig. 4.
Kérouan; El-Djem.

10. Graphipterus rotundatus Klug, *Symb. phys.*, III, t. 22, fig. 8. — (*G. luctuosus* Luc., *Expl. Alg.*, *Ent.*, p. 24, tab. 4, fig. 2.)

Kérouan.

11. Scarites gigas Fabr., *Spec. Ins.*, I, p. 314.

Kérouan.

12. S. arenarius Bonelli, *Mem. Acc. Torin.*, 1813, p. 472.

Presqu'île du Cap Bon.

CHLÆNIIDÆ.

13. Epomis circumscriptus Dufts., *Faun. Aust.*, II, p. 166.

Sousa.

14. Chlænius spoliatus Ross., *Faun. Etr.*, *Mant.*, I, p. 79.

Presqu'île du Cap Bon; Sousa.

15. C. azureus Duf., *Faun. Austr.*, II, p. 232. — (*Dinodes rufipes* Dej., *Spec.*, II, p. 372; *Icon.*, II, tab. 96, fig. 3.)

Kérouan.

16. Licinus brevicollis Dej., *Spec.*, II, p. 397.

Kérouan.

STOMIDÆ.

17. Broscus lævigatus Dej., *Spec.*, III, p. 431.

Kérouan.

HARPALIDÆ.

18. Acinopus Lepelletieri Luc., *Expl. Alg.*, *Ent.*, p. 66, tab. 9, fig. 1.

Kérouan; Monastir; El-Djem.

19. Harpalus Lethierryi Reiche, *Ann. Soc. ent. Fr.*, 1859, p. 640.

Kérouan; Monastir.

20. H. (Pangus) glebalis Coquer., *Ann. Soc. ent. Fr.*, 1858, p. 762.

Aïn-Draham; Monastir; El-Djem.

FERONIIDÆ.

21. Feronia (Pœcilus) barbara Luc., *Expl. Alg.*, *Ent*, p. 56, tab. 7, fig. 10. — (*F. Lucasi* Reiche, *Ann. Soc. ent. Fr.*, 1861, p. 211.)

El-Djem.

22. Zabrus distinctus Luc., *Expl. Alg.*, *Ent.*, p. 63, tab. 8, fig. 6. — (*Z. rotundipennis* Fairm., *Ann. Soc. ent. Fr.*, 1858, p. 773.)

Monastir.

23. Amara trivialis Gyll., *Ins. Suec.*, II, p. 240.

Sousa.

24. Sphodrus leucophthalmus L., *Faun. Suec.*, 784.

Sousa; Monastir.

25. Calathus melanocephalus L., *Faun. Suec.*, 795. — (*C. ochropterus* Duftm., *Faun. Austr.*, II, p. 124.)

Sousa.

POGONIDÆ.

26. Pogonus viridanus Dej., *Spec.*, III, p. 14.

Presqu'île du Cap Bon.

DYTISCIDÆ.

27. Eunectes sticticus L., *Syst. Nat.*, I, p. 666.

Sousa.

28. Agabus bipustulatus L., *Syst. Nat.*, II, 667.

Kroumirie.

29. A. didymus Oliv., *Entom.*, III, 40, p. 26, tab. 4, fig. 37.

Aïn-Draham.

30. A. brunneus Fabr., *Ent. Syst.*, suppl., p. 64.

Kroumirie.

31. Pelobius Hermanni Fabr., *Ent. Syst.*, I, 1792, p. 193.

Kroumirie.

32. Hydroporus acuminatellus Fairm., *Pet. Nouv. ent.*, 1876, 49; *Ann. Soc. ent. Fr.*, 1879, 158.

Cap Bon.

Cette jolie espèce, voisine de l'*H. Cerisyi*, a été décrite sur des exemplaires rapportés de Bokhari (Algérie) par M. Raffray; elle n'avait pas encore été signalée en Tunisie.

HYDROPHILIDÆ.

33. Philhydrus politus Küster, *Käf. Eur.*, 18, 9.

Kroumirie; Sousa.

34. Hydrobius convexus Brullé, *Hist. nat.*, V, p. 282.

Sousa.

35. Helochares lividus Forst., *Cent. Ins.*, I, p. 52.

Kroumirie.

36. Berosus luridus L., *Faun. Suec.*, 214.
Kroumirie; Sousa.

37. B. affinis Brullé, *Hist. nat.*, V, p. 285.
Kroumirie; presqu'île du Cap Bon; Sousa.

38. Ochthebius pellucidus Muls., *Col. Fr.*, *Palpicornes*, p. 68.
Sousa.

STAPHYLINIDÆ.

39. Ocypus ater Gravenh., *Micr.*, p. 161. — (*O. nigripes* Lacd., *Faun. Par.*, I, 370.)
Kérouan.

SILPHIDÆ.

40. Silpha atrata L., *Faun. Suec.*, 451. — (*S. punctata* Herbst, *Käf.*, V, p. 199, tab. 51, fig. 3.)
Monastir.

HISTERIDÆ.

41. Hister major L., *Syst. Nat.*, I, 2, p. 566.
Tabarka.

42. Saprinus semipunctatus Fabr., *Ent. Syst.*, I, p. 43.
Kérouan.

43. S. furvus Erichs., *Jahrb.*, 1834, p. 180.
Kérouan; Sousa.

44. S. chalcites Illig., *Mag.*, VI, 40.
Kérouan; Sousa.

45. S. apricarius Erichs., *Jahrb.*, 1834, p. 194.
Kérouan; Sousa.

NITIDULIDÆ.

46. Carpophilus hemipterus L., *Syst. Nat.*, I, 2, p. 565.
Sousa; Monastir.

MYCETOPHAGIDÆ.

47. Typhæa fumata L., *Syst. Nat.*, I, 2, p. 564.
Kroumirie.

DERMESTIDÆ.

48. Dermestes laniarius Illig., *Mag.*, I, p. 85.
Kérouan; Monastir.

COPRIDÆ.

49. Ateuchus sacer L., *Syst. Nat.*, I, 2, p. 545.
Presqu'île du Cap Bon.

50. A. cicatricosus Luc., *Expl. Alg.*, *Ent.*, 1849, p. 249, tab. 23.
Presqu'île du Cap Bon.

51. Gymnopleurus flagellatus Fabr., *Mant. Ins.*, I, p. 17.
Kérouan.

52. Onitis inuus Fabr., *Ent. Suppl.*, p. 25.
Kérouan.

53. Onthophagus Maki Illig., *Mag.*, II, p. 204.
Sousa.

54. O. nebulosus Reiche, *Ann. Soc. ent. Fr.*, 1864, p. 239.
Aïn-Draham; Kérouan.

55. O. andalusiacus Waltl., *Reise Span.*, II, 1835, 66.
Kérouan.

HYBOSORIDÆ.

56. Hybosorus Illigeri Reiche, *Ann. Soc. ent. Fr.*, 1853, p. 88.
Presqu'île du Cap Bon.

GEOTRUPIDÆ.

57. Geotrupes hemisphæricus Oliv., *Entom.*, I, 3, p. 66, tab. 2, fig. 15.
Presqu'île du Cap Bon.

MELOLONTHIDÆ.

58. Hoplia aulica L., *Syst. Nat.*, I, 2, p. 555.
Kérouan; Sousa; Monastir.

59. Triodonta cinctipennis Luc., *Expl. Alg.*, *Ent.*, 1849, p. 291, tab. 25, fig. 8.
Sousa.

60. T. morio Fabr., *Ent. Syst.*, I, 2, p. 178.
Aïn-Draham; Monastir.

61. Pachydema nigricans Casteln., *Mag. Zool.*, cl. IX, tab. 37.
Kérouan; presqu'île du Cap Bon; Monastir.

62. Rhizotrogus cristatifrons Fairm., *Ann. Soc. ent. Fr.*, 1883, bull., p. CXXIV.
Long. 12 à 13^{mm}. — Oblongus, subparallelus, convexus, rufo-testaceus,

nitidus; capite paulo infuscato, subtiliter dense ruguloso-punctato, fronte transversim valde elevata, clypeo antice traversim depresso et stria sinuata impresso, margine antico fere truncato aut obsolete sinuato, utrinque obliquato; prothorace transverso, a medio antice angustato, antice vix emarginato, margine postico utrinque leviter sinuato, angulis posticis valde rectis, dorso dense punctato, punctis sat minutis; scutello late ogivali, lateribus punctato; elytris oblongis subparallelis, posticis dense punctatis, punctis postice minoribus, sutura paulo elevata, costulis obliteratis et tantum seriebus geminatim punctatis indicatis; pygidio triangulari, apice rotundato, sat dense punctato; pedibus brevibus, tibiis anticis late tridentatis; pectore fulvo-villoso.

Kérouan (1 exemplaire).

Cette espèce ressemble au *R. ignavus;* elle en diffère par sa forme plus parallèle et par son chaperon qui est relevé transversalement à la base et creusé transversalement en avant. (*Ex* Fairm., *l. c.*)

63. Polyphylla fullo L., *Faun. Suec.*, p. 137.

Kérouan.

64. Pachypus siculus Casteln., *Hist. nat.*, II, p. 129.

Aïn-Draham (un mâle).

ANOMALIDÆ.

65. Anomala atriplicis Fabr., *Mant. Ins.*, I, p. 19.

Kérouan; El-Djem.

66. Phyllopertha ægyptiaca Blanch., *Cat. Coll. ent.*, p. 179.

Sousa.

ORYCTIDÆ.

67. Oryctes grypus Illig., *Mag.*, II, p. 312.

Aïn-Draham.

68. Phyllognathus Silenus Fabr., *Ent. Syst.*, I, p. 13.

Aïn-Draham; El-Djem.

CETONIDÆ.

69. Cetonia floralis Fabr., *Mant. Ins.*, I, p. 31.

Aïn-Draham; presqu'île du Cap Bon; Monastir.

70. Oxythyrea hirtella L., *Syst. Nat.*, I, 2, p. 556.

Kérouan; Monastir.

71. O. amina Fairm., *Ann. Soc. ent. Fr.*, 1860, p. 448, tab. 6, fig. 15.

Aïn-Draham; presqu'île du Cap Bon; Monastir.

BUPRESTIDÆ.

72. Julodis setifensis Luc., *Rev. Zool.*, 1844, p. 49.
Variété **Jamini** Luc., *Ann. Soc. ent. Fr.*, 1859, bull., p. CLXXXIII.

Monastir.

73. Psiloptera tarsata Herbst, *Käf.*, IX, 1801, p. 118, tab. 148, fig. 4.

Aïn-Draham.

LAMPYRIDÆ.

74. Lampyris mauritanica L., *Syst. Nat.*, I, p. 645.

Kérouan.

75. L. scutellata Fairm., *Ann. Soc. ent. Fr.*, 1884, bull., p. XXXV.

Long. 16mm. — *L. mauritanicæ* L. affinis statura et colore, sed paulo major, prothorace minus triangulari, lateribus magis rotundato, disco postice utrinque magis impresso, scutello triangulari minus punctato, elytris basi magis ampliatis, a medio tantum attenuatis, fortius rugoso-punctatis, sutura basi præcipue magis elevata, segmentis abdominalibus minus longe laciniatis. (*Ex* Fairm., *l. c.*)

Sousa.

DASYTIDÆ.

76. Dasytes striatulus Brullé, *Expéd. Mor.*, p. 153, tab. 37, fig. 4.

Sousa.

CLERIDÆ.

77. Trichodes umbellatarum Oliv., *Entom.*, VI, 76, p. 5, tab. 1, fig. 2, *a-b*.

Kroumirie.

ERODIIDÆ.

78. Zophosis minuta Fabr., *Ent. Syst.*, p. 259.

Aïn-Draham; Kérouan; Sousa.

79. Z. punctata Brullé, *Expéd. Mor.*, 1832, p. 191.

Kroumirie.

80. Erodius Lefranci Kraatz, *Revis.*, p. 26 et 60.

Kérouan; El-Djem.

81. E. Maillei Solier, *Ann. Soc. ent. Fr.*, 1834, p. 546, tab. 14, fig. 12.

Kérouan; presqu'île du Cap Bon; Sousa; Monastir; El-Djem.

82. E. ambiguus Solier, *Ann. Soc. ent. Fr.*, 1834, p. 586.

Kérouan; Monastir.

83. Erodius subparallelus Solier, *Ann. Soc. ent. Fr.*, 1834, p. 584.

Kérouan.

84. E. dimidiatipennis Kraatz, *Revis.*, p. 30 et 61.

Kérouan; El-Djem.

ADESMIIDÆ.

85. Adesmia microcephala Solier, *loc. cit.*, p. 533.

Kérouan; presqu'île du Cap Bon; Sousa.

86. A. Douei Luc., *Rev. Zool.*, 1844, p. 265; *Expl. Alg.*, *Ent.*, p. 303, tab. 27, fig. 3.

Kérouan; El-Djem.

TENTYRIIDÆ.

87. Pachychila Germari Solier, *Ann. Soc. ent. Fr.*, 1835, p. 502. — Luc., *Expl. Alg.*, *Ent.*, p. 315, tab. 28, fig. 6.

Kérouan.

88. P. pedinoides Solier, *loc. cit.*, p. 294, tab. 7, fig. 1-6.

El-Djem.

89. P. Dejeani Besser, *Nouv. Mém. Mosc.*, II, 1832, p. 11.

Presqu'île du Cap Bon.

90. Tentyria bipunctata Solier, *loc. cit.*, p. 336. — (*T. Thunbergi* Stev., *Nouv. Mém. Mosc.*, I, 1829, p. 90.)

Presqu'île du Cap Bon; Monastir.

91. T. excavata Solier, *loc. cit.*, p. 364, tab. 7, fig. 23.

Kroumirie.

92. T. sardoa Solier, *loc. cit.*, p. 340. — (*T. barbara* Sol., *loc. cit.*, p. 340. — *T. tristis* Sol., *loc. cit.*, p. 344.)

Monastir.

93. T. grossa Besser, *Nouv. Mém. Mosc.*, II, 1832, p. 11.

Kérouan.

AKIDÆ.

94. Morica obtusa Solier, *Ann. Soc. ent. Fr.*, 1836, p. 650.

Sousa; Monastir.

95. Akis spinosa L., *Mus. Lud. Uhlr.*, p. 101. — Solier, *loc. cit.*, 1836, p. 668.

Kérouan; presqu'île du Cap Bon; Monastir; El-Djem.

96. Akis spinosa, variété **Olivieri** Solier, *Ann. Soc. ent. Fr.*, 1836, p. 665.
Kérouan; El-Djem.

97. A. italica Solier, *loc. cit.*, 1836, p. 674.
El-Djem.

SCAURIDÆ.

98. Scaurus atratus Fabr., *Ent. Syst.*, p. 253.
Kroumirie; presqu'île du Cap Bon; Kérouan.

99. S. puncticollis Solier, *Ann. Soc. ent. Fr.*, 1838, p. 172.
Monastir.

100. S. ovipennis Fairm., *Ann. del Mus. civ. di Genova*, VII, 1875, p. 526.
Kérouan.

BLAPTIDÆ.

101. Blaps nitens Casteln., *Hist. nat.*, II, 1840, p. 200.
Presqu'île du Cap Bon.

102. B. brachyura Küst., *Käf. Eur.*, 13, 66.
Kérouan; Sousa; Monastir; El-Djem.

103. B. gages L., *Syst. Nat.*, ed. 12, p. 676.
Kroumirie; presqu'île du Cap Bon; Kérouan.

104. B. pubescens Allard, *Ann. Soc. ent. Fr.*, 1880, p. 307.
Kérouan.

ASIDIDÆ.

105. Asida vagecostata Fairm., *Ann. del Mus. civ. di Genova*, VII, 1875, p. 528.
Monastir.

106. A. Chauveneti Solier, *Ann. Soc. ent. Fr.*, 1836, p. 440.
Presqu'île du Cap Bon; Sousa.

PIMELIIDÆ.

107. Pimelia simplex Solier, *loc. cit.*, p. 123. — Lucas, *Expl. Alg.*, *Ent.*, p. 301, tab. 26, fig. 7.
Kérouan; presqu'île du Cap Bon; Sousa; Monastir; El-Djem.

108. P. cribripennis Solier, *loc. cit.*, 1836, p. 137.
Kroumirie.

109. P. pilifera Sénac, *Ann. Soc. ent. Fr.*, 1884, bull., p. XI.
Oblonga, subcylindrica, convexa, subnitida. Caput sparsim medio,

densius, latera versus, granulatum, interjectis nonnunquam punctis aliquot. Pronotum latum, lateraliter valde rotundatum, medio parce perparvis, ad latera validis confertisque granulis notatum. Elytra convexa, medio subdepressa, lateraliter retroque valde devexa et pilis erectis vestita. Costæ marginalis lateralisque serratæ; dorsales ambo, ante evanescentes, postice crenatæ; prima ante lævi, nonnunquam crenulata. Interstitia granulis parvis, inæqualibus, sparsim irrorata. Tarsi quatuor postici subcompressi, breviter ciliati. — Long. 19-28; larg. 12-14mm. (*Ex* Sénac, *l. c.*)

El-Djem.

Se rencontre également dans le sud de l'Algérie (Bou-Saada, Biskra, Sahara). (Voir Sénac, *Essai monographique sur le genre Pimelia,* 1884, p. 74.)

110. Pimelia interstitialis Solier, *Ann. Soc. ent. Fr.,* 1836, p. 105, tab. 4, fig. 14-16.

Kérouan.

111. P. inflata Herbst, *Käf.,* VIII, 1879, p. 98, tab. 123, fig. 12. — (*P. barbara* Sol., *Ann. Soc. ent. Fr.,* 1836, p. 106.)

Presqu'île du Cap Bon; Sousa; Monastir; El-Djem.

112. P. latipes Solier, *Ann. Soc. ent. Fr.,* 1836, p. 109. — (*P. amicta* Baudi, *Deutsche ent. Zeitschr.,* XX, 1876, p. 420.)

Kérouan.

113. P. obsoleta Solier, *loc. cit.,* 1836, p. 104.

Kérouan.

114. P. Boyeri Solier, *loc. cit.,* 1836, p. 143. — Lucas, *Expl. Alg., Ent.,* p. 302, tab. 26, fig 8.

Kroumirie; Kérouan; presqu'île du Cap Bon; Sousa; Monastir; El-Djem.

SEPIDIIDÆ.

115. Sepidium variegatum Fabr., *Ent. Syst.,* I, p. 97.

Presqu'île du Cap Bon.

116. S. barbarum Solier, *Mem. Acc. Torin.,* VI, 1844, p. 235.

Presqu'île du Cap Bon.

CRYPTICIDÆ.

117. Crypticus gibbulus Quens., *Schönh. Syn. Ins.,* I, 1806, p. 163.

Kérouan; Monastir.

PANDARIDÆ.

118. Phylax undulatus Muls., *Mém. Ac. Lyon,* 1854, p. 280.

Kroumirie; Kérouan; presqu'île du Cap Bon; Sousa.

OPATRIDÆ.

119. Opatrum verrucosum Germ., *Reise Dalm.*, 1817, p. 188.

Presqu'île du Cap Bon.

DIAPERIDÆ.

120. Ammophthorus rugosus Rosenh., *Thiere Andalus.*, 1856, p. 214.

Sousa.

HELOPIDÆ.

121. Helops villosipennis Luc., *Expl. Alg.*, *Ent.*, p. 350, tab. 31, fig. 4.

Presqu'île du Cap Bon.

CISTELIDÆ.

122. Omophlus (Heliotaurus) tuniscus Fairm., *Ann. del Mus. civ. di Genova*, VII, 1875, p. 529.

Long. 8 à 10^{mm}. — Oblongus, sat convexus, niger, nitidus, elytris cyanescentibus, atro-hirtus; capite sat dense punctulato, obsolete impresso, antice transversim impresso, antennis elongatis, corpore dimidio fere longioribus, mandibulis ante apicem piceis; prothorace parum transverso, subquadrato, antice tantum angustato, tenuiter sat dense punctulato, lateribus sat late impressis, scutello sat magno, triangulari, apice obtuso, tenuiter dense punctulato, medio obsoletissime striatulo; elytris sat tenuiter dense punctatis, striis leviter impressis, suturam versus profundioribus, intervallis tenuiter rugosulis, margine reflexo a basi postice paulatim attenuato; ♂ segmento anali profunde emarginato, bilobo, lobis intus carinatis; tarsis anticis sat elongatis, unguibus haud dentatis; prothorace minore, angustiore. (*Ex* Fairm., *l. c.*)

Presqu'île du Cap Bon; Sousa.

MYLABRIDÆ.

123. Mylabris oleæ Casteln., *Hist. nat.*, II, 1840, p. 269. — Lucas, *Expl. Alg.*, *Ent.*, p. 387.

Aïn-Draham; Kérouan; presqu'île du Cap Bon.

124. M. Schreibersi Reiche, *Ann. Soc. ent. Fr.*, 1865, p. 636.

Sousa; Monastir.

125. M. tenebrosa Casteln., *Hist. nat.*, II, p. 270.

Kérouan.

126. M. calida Pall., *Icon.*, p. 85, tab. E, fig. 10.

Kérouan; Monastir; El-Djem.

127. Mylabris variabilis Billb., *Mon.*, p. 25, tab. 3, fig. 3-6.
Variété **rubripennis** Chevrol., *Silb. Rev.*, V, p. 270. — Lucas, *Expl. Alg., Ent.*, p. 387, tab. 33, fig. 9.

Aïn-Draham; Sousa.

128. M. circumflexa Chevrol., *Silb. Rev. Ent.*, V, p. 273. — Lucas, *Expl. Alg., Ent.*, p. 389, tab. 33, fig. 8.

Kérouan; presqu'île du Cap Bon; Monastir.

129. M. præusta Fabr., *Ent. Syst.*, I, 2, p. 88. — Lucas, *loc. cit.*, p. 391, tab. 34, fig. 1.
Variété **nigra** Mars., *Mon.* in *Ann. Soc. ent. Fr.*, 1870.

Monastir.

CURCULIONIDÆ.

130. Sitones gressorius Fabr., *Ent. Syst.*, I, 2, p. 465.

Sousa.

131. Phytonomus philanthus Oliv., *Entom.*, V, 83, p. 123, tab. 4, fig. 541, tab. 35, fig. 541.

Kroumirie.

132. Cleonus ocularis Fabr., *Ent. Syst.*, I, 2, p. 400.

Sousa.

133. Stephanocleonus obliquus Fabr., *Ent. Syst.*, I, 2, p. 460.

Kérouan.

134. S. excoriatus Gylh., *Schönh.*, *Gen. Curc.*, II, p. 194.

El-Djem.

135. S. megalographus Fabrs, *Schönh.*, *Gen. Curc.*, VI, p. 33.

Monastir.

136. Larinus cardui Rossi, *Faun. Etrusc.*, I, 1790, p. 111, tab. 5, fig. 11.

Sousa.

137. L. onopordinis Fabr., *Mant. Ins.*, I, p. 98.

Kérouan.

138. L. scolymi Oliv., *Entom.*, V, 83, p. 275, tab. 21, fig. 274.

Kroumirie.

139. L. cardopatii Luc., *Expl. Alg.*, *Ent.*, p. 446.

Sousa.

CERAMBYCIDÆ.

140. Cerambyx Mirbecki Luc., in *Ann. Sc. nat.*, 1842, p. 184; *Expl. Alg.*, *Ent.*, p. 484, tab. 41, fig. 3.

Kroumirie.

SAPERDIDÆ.

141. Agapanthia irrorata Fabr., *Mant. Ins.*, I, p. 147.

Kérouan.

CLYTRIDÆ.

142. Labidostomis taxicornis Fabr., *Ent. Syst.*, II, p. 56.

Kérouan; Sousa.

143. Titubæa sexpunctata Oliv., *Entom.*, VI, p. 852, 19.

Kérouan.

144. Lachnæa vicina Lacd., *Mon. Phytoph.*, p. 173.

Kroumirie.

145. Coptocephala Kerimii Fairm. *Ann. Mus. civ. Genova*, VII, 1875, p. 537.

Long. 8mm. — Subcylindrica, aurantiaco-flava, elytris flavis, valde nitida, capite summo, antennarum apice et in utroque elytro maculis duabus atro-sub-cyaneis, mesosterno, metasterno et abdomine cyaneo-nigris, griseo-pubescentibus, palporum mandibularumque apice extremo nigro; capite antice planato, summo impresso, inter oculos transversim et infra, utrinque oblique impresso, ad angulos anguste punctato, prothorace transverso, longitudine vix duplo latiore, antice angustato, lateribus postice angulatim rotundatis, marginatis, margine postico anguste marginato, utrinque sat valde sinuato, lævigato, postice utrinque biimpresso; scutello nigro, apice flavo; elytris sat dense punctatis, obsolete rugosulis, apice fere lævibus, maculis anticis transversis, basin haud attingentibus, maculis posticis paulo post medium sitis, transversis, dentatis, nec suturam, nec marginem externum attingentibus; tarsis flavis; unguibus tantum fuscis; ♂ pedibus anticis elongatis, tibiis arcuatis. (*Ex* Fairm., *l. c.*)

Kérouan; presqu'île du Cap Bon.

On ne connaissait, de cette espèce, qu'un seul individu mâle provenant de Kérouan. M. Letourneux en a capturé une quinzaine d'exemplaires des deux sexes.

CHRYSOMELIDÆ.

146. Timarcha rugosa L., *Syst. Nat.*, I, 2, 677. — (*T. generosa* Erichs., *Wagn. Reise*, 1841, 189.)

Kérouan.

147. T. turbida Erichs., *Wagn. Reise*, 189.

Presqu'île du Cap Bon.

148. T. turbida Erichs., *Wagn. Reise*, III, 1841, p. 189.
Variété punctella Fairm., *nec* Mars.

Presqu'île du Cap Bon.

149. Chrysomela americana Linn., *Syst. Nat.*, ed. 10, p. 372. — (*C. decemstriata* Goeze, *Ent. Beytr.*, I, 1777, p. 301.)

Presqu'île du Cap Bon.

150. C. atra Schæff., *Faun. Germ.*, 157, 8.

Kérouan.

151. Spartophila ægrota Fabr., *Ent. Suppl.*, 1798, p. 87.

Sousa.

GALERUCIDÆ.

152. Adimonia sardoa Gené, *Mem. Acc. Torin.*, ser. 2, I, 1839, p. 79, tab. 1, fig. 25.

Presqu'île du Cap Bon.

153. Malacosoma lusitanica L., *Syst. Nat.*, ed. 12, 1767, app., p. 1066.

Presqu'île du Cap Bon; Sousa.

HALTICIDÆ.

154. Psylliodes æreа Foudr., *Monogr.*, p. 53.

Sousa.

COCCINELLIDÆ.

155. Adonia mutabilis Scriba, *Zool. Journ.*, II, 1790, p. 183.

Sousa.

156. Coccinella septempunctata L., *Syst. Nat.*, ed. 10, p. 365.

Monastir.

www.ingramcontent.com/pod-product-compliance
Lightning Source LLC
LaVergne TN
LVHW011502170726
843501LV00009B/3566
* 9 7 8 2 3 2 9 6 4 4 5 4 7 *